Georges Pouchet

La Sardine

Étude

 Le code de la propriété intellectuelle du 1er juillet 1992 interdit en effet expressément la photocopie à usage collectif sans autorisation des ayants droit. Or, cette pratique s'est généralisée dans les établissements d'enseignement supérieur, provoquant une baisse brutale des achats de livres et de revues, au point que la possibilité même pour les auteurs de créer des œuvres nouvelles et de les faire éditer correctement est aujourd'hui menacée. En application de la loi du 11 mars 1957, il est interdit de reproduire intégralement ou partiellement le présent ouvrage, sur quelque support que ce soir, sans autorisation de l'Éditeur ou du Centre Français d'Exploitation du Droit de Copie , 20, rue Grands Augustins, 75006 Paris.

ISBN : 978-1977836502

10 9 8 7 6 5 4 3 2 1

Georges Pouchet

La Sardine

Étude

Table de Matières

Introduction	6
Section I	8
Section II	11
Section III	18
Section V	26

Introduction

Vers le milieu d'octobre dernier, la population des petits ports où l'on pêche la sardine, de Douarnenez aux Sables-d'Olonne, était mise en émoi par une affiche que venaient de faire apposer les commissaires de l'inscription maritime et les syndics des gens de mer. Chacun, la lisant, y voyait la fin, — conforme à ses vœux, — d'un débat passionné qui toute l'année avait excité les esprits, allumé des rixes, et failli même, en quelques points, causer des désordres publics. Les pêcheurs commentaient la parole toujours respectueusement écoutée du ministre de la marine. Le gouvernement allait-il interdire ou favoriser l'emploi des seines à sardines, des filets perfectionnés qui permettent de prendre une plus grande abondance, — trop grande pensaient les uns, — du poisson qui fait la richesse de toute cette partie de la côte ? A la vérité, le placard officiel ne le disait pas ; il annonçait seulement une solution prochaine de la question pendante. Mais c'était assez pour calmer tous ces braves gens. D'ailleurs, le ministre a tenu parole : après avoir consulté des commissions, compulsé des rapports, constitué des comités, il a finalement interdit pour l'avenir l'usage des seines à sardines dans les eaux territoriales.

Il y a douze ans, en 1874, par des circulaires spéciales, le gouvernement recommandait ces mêmes seines ; puis un système de simple tolérance avait suivi. Aujourd'hui on les défend. La récente décision de l'autorité est certainement conforme aux vœux de la plus grande partie des pêcheurs, qui élevait depuis longtemps de vives réclamations contre ces engins. L'est-elle aux intérêts généraux du pays ? C'est un point plus délicat à décider. Mais la tutelle toujours bienveillante qu'exerce la marine sur ses « inscrits » a d'inexorables nécessités. Ce sont de grands enfants. On perdrait son temps à raisonner avec eux, et il n'est pas toujours aisé de vouloir leur bien contre leur gré.

La France a exporté en 1886 pour moins de lu millions de « sardines à l'huile. » Elle en avait exporté en 1875 pour plus de 25 millions et en 1880 pour 29 millions. Ces chiffres disent assez l'importance de l'industrie qu'alimente la pêche de la sardine. Si ceux qui la font sont dignes de toute sollicitude, on ne saurait négliger non plus les intérêts collectifs représentés dans l'espèce par l'usine, qui achète au marin la matière première rapportée par ses filets et lui donne une plus-value considérable. Or l'industrie de la sardine à l'huile, pour plusieurs raisons, au nombre desquelles il est juste de mettre en première ligne la rareté du poisson dans ces dernières années, traverse en ce moment une crise grave. L'affaire des seines à sardines n'en est qu'un épisode. L'interdiction des « filets perfectionnés, » car on les appelle aussi de ce nom, réclamée par le comité consultatif des pêches, aura-t-elle la vertu que lui croient les pêcheurs ; va-t-elle augmenter leur bien-être ou n'aura-t-e le pas un contre-coup fâcheux sur la grande industrie de notre littoral océanique, celle-là même dont ils vivent ? Ce sont autant de questions qu'un avenir prochain résoudra.

Une commission spécialement convoquée à Brest, l'été dernier, et après elle le comité consultatif des pêches, par la voix de son président, l'honorable M. Gerville-Réache, ont unanimement reconnu que la seule base logique à donner à des mesures administratives concernant la pêche de la sardine était la connaissance scientifique de ce poisson, la connaissance de ses mœurs, de ses déplacements, des causes qui l'éloignent ou le rapprochent de nos rivages. Or sur tout cela nous ne savons rien ou bien peu de chose. On répète ce qu'a dit au siècle dernier Duhamel du Monceau, dans son célèbre *Traité des pêches*. La science, depuis lui, n'a pas fait un pas. Toutefois, Coste s'était préoccupé de la question. L'importance de la pêche de la sardine sur la côte bretonne n'a pas été étrangère au choix qu'il fit de Concarneau pour y créer le premier laboratoire maritime. C'est là qu'ont été recueillies depuis quelques années les seules notions nouvelles qu'on ait sur une espèce marine dont la pêche n'occupe pas moins de monde que celle de la morue ou du hareng. Mais il reste encore beaucoup à connaître de son histoire. Assurément il eût été désirable que les chambres de commerce du littoral fissent entreprendre à leurs frais une étude suivie de la sardine. On leur avait fait pour cela des offres. Mais ces initiatives salutaires ne sont pas dans nos mœurs, et nous laissons trop volontiers, en France, les préoccupations de cet ordre au gouvernement.

Section I

La sardine semble tirer son nom d'une appellation générale : « sarda, » donnée autrefois, sur les bords de la Méditerranée, à diverses salaisons de poisson, peut-être parce que l'art de le préparer ainsi était né ou florissait principalement en Sardaigne. On trouve, en effet, la sardine dans la Méditerranée, où elle s'est acclimatée, comme le hareng dans la Baltique. Mais sa vraie patrie est l'Océan : on la rencontre dans toute la partie tempérée de l'Atlantique du nord, sur les côtes de Cornouailles, de France et d'Espagne, aux Açores et jusqu'aux États-Unis. On la dit abondante au Venezuela.

La sardine appartient à la famille des clupes. Les naturalistes l'y rangent tout à côté de l'alose, pourtant bien différente par sa taille et ses mœurs, et non loin d'autres espèces dont la sardine, au contraire, se rapproche davantage par son mode d'existence : le hareng, l'anchois et l'esprot ou sprat, tous recherchés pour la consommation. Le hareng et le sprat sont des poissons du nord ; la sardine, l'anchois, préfèrent les eaux plus tièdes. Ces diverses espèces vivent en troupes plus ou moins nombreuses ; elles semblent passer la plus grande partie de leur existence sous les eaux profondes, et ne se rapprocher de la surface qu'à certaines époques de l'année. On croyait autrefois que leurs bancs, apparus d'abord en un point de la côte, se déplaçaient parallèlement à elle, descendant vers le sud ou remontant vers le nord, selon l'espèce. Ce n'est là qu'une illusion. Le hareng, la sardine, viennent du large ; seulement, comme leurs bataillons n'arrivent pas tous à la fois, mais successivement et de proche en proche, on crut que c'était la même armée qui s'avançait toujours.

La sardine est une bête de noble allure, vive et fière en ses mouvements. L'eau sans rives, sans fonds est son élément. Tout indique en elle le poisson de haute mer. Elle n'a rien de la démarche alourdie, fatiguée des espèces de fond ou de rivage. Et pourtant elle n'échappe point à ses ennemis. Une foule de gros poissons et les marsouins, les dauphins, en font un carnage sans fin, donnant la chasse aux bancs, qui sont pour eux table mise.

Comme les autres clupes, les sardines sont des poissons d'une extrême sensibilité, « labiles, » disent les naturalistes. Un rien les tue. Il suffit qu'elles aient effleuré le filet, perdu une écaille ou deux pour être touchées à mort, bien différentes en cela d'une foule de poissons qu'il faut presque tuer par violence pour qu'ils meurent quand on les a sortis de l'eau. Un turbot restera la nuit entière au fond de la barque du pêcheur qui l'a pris, et sera encore vivant. On a vu dans les aquariums des turbots mangés au quart par un poulpe et guérir. La sardine ne résiste pas à un simple frôlement ; et pour en rapporter une vivante au port, il faudrait des précautions spéciales, enlever le poisson dans une baille avec l'eau même où il nage, et encore se heurterait-il aux parois et ne vivrait-il que quelques heures.

Parvenue à tout son développement, la sardine est un peu plus petite que le hareng ; elle est alors pleine de graisse, huileuse et d'un goût médiocre. Elle pèse environ 150 grammes. On sale cette sardine, puis on la met en presse, mais on n'en fait pas de conserves à l'huile. C'est le *pilchard* des Anglais. En France, nos pêcheurs l'appellent sardine d'hiver ou « de dérive, » parce qu'elle se fait prendre dans les grands filets dits de dérive qu'on tend la nuit au large pour le maquereau. La sardine de dérive hante surtout nos côtes vers la fin de l'hiver. Elle vit certainement dans des eaux plus froides que pendant son jeune âge. On peut trouver jusqu'en juin des sardines presque aussi fortes, mais cependant n'ayant pas atteint toute leur taille, et beaucoup moins grasses. Puis ces sardines disparaissent. Si l'on en voit encore quelques-unes de temps à autre, c'est par exception : ce sont les retardataires, les demeurons, que toute espèce voyageuse laisse derrière elle. Alors apparaît la sardine d'été, dite « sardine de rogue. » Elle est beaucoup plus petite, avec des dimensions d'ailleurs très variables ; communément elle pèse de 12 à 15 grammes. Elle est donc jeune, et elle est aussi plus délicate, n'étant pas chargée d'huile. C'est elle qu'on prépare en boites et dont il se fait un commerce considérable sur toute la terre. Elle vient par bancs, mais comprenant beaucoup moins d'individus que les bancs de harengs. Leur présence est souvent annoncée par les vols de goélands, prêts à saisir cette proie fraîche, qu'ils préfèrent à toute autre. A certains beaux jours, la sardine s'ébat ; ses masses pressées clapotent tout à la surface de l'eau en flots d'argent. Les pêcheurs disent que parfois la nuit on l'entend sauter ; mais c'est en vain qu'ils tendraient leurs filets :

on ne la prend que le jour. Vers novembre, la sardine de rogue disparaît à son tour, abandonnant aussi quelques retardataires qu'on retrouvera au ventre des merlues. Où va la sardine de rogue ? Gagne-t-elle la haute mer, descend-elle sans s'éloigner beaucoup sur les pentes de la fosse qui sépare la France de l'Espagne ? Nous n'avons actuellement aucun moyen de le savoir, nous ignorons jusqu'au sens de ses déplacements. On n'a jamais prouvé, quoi qu'en disent les pêcheurs, qu'un banc de sardines ait gagné directement un autre point de la côte. On dirait plutôt qu'il se fait une sorte de roulement de ces bancs par le large, roulement qui serait incessant. Ils arrivent, s'en vont ; d'autres viennent, et ainsi de suite.

Quelquefois, dans les bancs de sardines, le poisson est « mêlé » Généralement il y est d'une taille uniforme, mais qui diffère considérablement d'un banc à l'autre. Il n'y a aucune règle ni aucune prévision possible. Les pêcheurs emportent toujours avec eux des Mets de plusieurs « moules. » Nul ne saurait dire le dimanche la taille du poisson qu'il pêchera le jeudi : s'il sera plus gros ou plus petit. Ce qu'on peut prévoir presque à coup sûr, c'est qu'il sera différent.

La sardine de dérive a quelquefois les organes de la génération bien développés et semble prête à se reproduire. La sardine d'été, même la plus grosse, n'a jamais les flancs arrondis qui annoncent chez les femelles des poissons la ponte prochaine. L'examen des ovaires ne laisse d'ailleurs aucun doute. La sardine de rogue est une bête jeune et n'a jamais frayé.

La sardine, comme beaucoup d'animaux de la mer, se nourrit de ce qu'elle trouve, mais toujours de proies très petites. Ce sont ordinairement des crustacés, des embryons presque microscopiques de mollusques et de vers, ou encore des végétaux infiniment plus petits dont les eaux de l'océan sont parfois remplies, au point de prendre une couleur spéciale. Dans l'intestin de sardines pêchées à la Corogne, on a trouvé jusqu'à 20 millions de ces algues microscopiques qu'elle avale dans les mouvements mêmes que tout poisson fait pour respirer.

Voilà, sans plus, ce qu'on sait de certain de la sardine. On prête à Laplace cette boutade que, si on l'avait enfermé dans une tour, avec une seule fenêtre ouverte au midi, il eût fait sa *Mécanique céleste*.

Georges Pouchet

C'est la fortune et la gloire des sciences exactes que ces déductions nécessaires et ces rattachements forcés de ce qui est caché à ce qu'on peut observer. La biologie n'a pas de tels privilèges. Même dans les détails de l'organisation de deux espèces en apparence voisines, on constate parfois des écarts inattendus. Ainsi les zoologistes, avons-nous dit, rangent l'une près de l'autre la sardine et l'alose ; cependant les tissus de celle-ci supportent sans inconvénient le contact de l'eau des fleuves où elle remonte pour frayer, et celui de l'eau de mer où elle vit le reste de l'année, tandis qu'une sardine mourrait tout de suite dans l'eau douce. A plus forte raison, les mœurs, les instincts de deux espèces presque semblables peuvent-ils différer considérablement : ici aucune déduction légitime, mais seulement de vagues probabilités. Ce que nous savons de l'alose, du hareng beaucoup mieux connu, nous renseigne mal sur la sardine. Nous pouvons dire qu'on ignore tout de son existence ; en quels lieux, en quels temps elle fraie, la durée certaine de sa croissance, les causes qui la poussent ou l'attirent sur nos côtes et ensuite l'en éloignent. Nous sommes réduits sur tout cela à des vues purement conjecturales, et c'est, on en conviendra, une situation fâcheuse à l'égard d'une matière première de telle importance.

Section II

Il est probable qu'on a salé et pressé la sardine sur la côte de l'Océan dès l'époque de la conquête romaine. C'est une industrie toute primitive et qui n'a pas dû beaucoup changer avec les siècles. En France, elle est aujourd'hui délaissée pour la fabrication des conserves à l'huile, mais le mode de pêche n'a pas varié au moins depuis deux cents ans. On prend la sardine eu l'attirant avec divers appâts dans un filet spécial. Ces appâts sont principalement la *rogue* et la *gueldre*. La rogue n'est que l'ovaire plein d'œufs des morues, salé, mis en baril et expédié par grandes quantités d'Islande, de Norvège, spécialement pour la pêche de la sardine. La gueldre est une sorte de petite crevette (mysis), qui se montre parfois en nuées épaisses à l'embouchure des rivières de Bretagne. On la prend la nuit avec des seines spéciales et on la met en saumure. L'usage s'est introduit depuis quelques années de mêler à la rogue, denrée coûteuse, une certaine quantité de farine d'arachide, qui paraît jouir aussi de la propriété d'attirer la sardine. C'est une grande économie. On a dit qu'elle diminuait la qualité du poisson et lui laissait un goût particulier. C'est affaire à débattre entre le pêcheur et l'acheteur, et celui-ci ne peut être trompé, car on retrouve toujours facilement la farine d'arachide dans le ventre de l'animal. Mais il est assez curieux de voir le même reproche fait au siècle dernier, et justement dans les mêmes termes, à la gueldre. En 1757, la Société d'agriculture et de commerce de Bretagne attestait que « la gueldre corrompt les sardines en moins de trois heures et les fait tellement fermenter qu'elles s'entr'ouvrent par le ventre. » Dans les petites choses comme dans les grandes, l'histoire se répète. On a jadis interdit la gueldre par les mêmes raisons qu'on fait valoir maintenant contre « l'emploi de la rogue dite artificielle. » La sardine s'ouvre en effet très vite par le ventre, surtout s'il fait un peu chaud. Mais c'est là une particularité bien connue des physiologistes, et la qualité de l'appât n'y est pour rien. Ce sont les sucs de l'estomac qui corrodent, digèrent ses parois dès que le sang n'y circule plus, et de même la paroi du ventre de l'animal. La sardine, ainsi détériorée, est dite, dans le commerce, « épinglée. »

Les embarcations pour la pêche de la sardine sont de grands canots non pontés, avec cinq hommes d'équipage et un mousse. Le gréement comporte deux mâts, qu'on peut abattre sur le lieu de pêche, et d'énormes avirons de près de 10 mètres. Chaque embarcation emporte sa rogue et plusieurs filets de « moules » différents. Ces filets sont tissés d'un fil aussi fin que possible. Si on pouvait les faire invisibles, ce serait la perfection. Chaque filet a la forme d'un grand quadrilatère long de 15 mètres environ, haut de 6 ou 8 ; la ralingue supérieure est munie de lièges, et il pend dans la mer à l'arrière de la barque comme un rideau. On se borne à le tenir tendu : c'est à cela que servent les grands avirons, mieux que la voile. Cependant le patron a déjà jeté quelques poignées de rogue ; on fait silence, car le sort de la journée se décide. L'heure la plus favorable est toujours le lever du soleil ou l'après-midi. Le patron, debout sur l'arrière, puise à pleines mains la rogue dans un barillet placé près de lui, et, d'un mouvement cadencé qui ne manque pas d'élégance, la jette à droite et à gauche du filet. Bientôt une multitude de petites bulles viennent du fond crever à la surface. C'est le signe attendu ; c'est la sardine qui « lève, » et dont la vessie natatoire laisse échapper une partie de son air, à mesure qu'en montant le poisson trouve une pression moins forte. Et alors sous l'eau on voit passer, rapide éclair, le ventre argenté d'une sardine qui a volté par le flanc ; puis une autre ; et la mer dans la profondeur étincelle. Le poisson est là : va-t-il se jeter dans le filet ? A certains jours, on ne sait pourquoi, la sardine semble repue. On a dépensé en vain l'appât : le poisson « ne travaille pas, » disent les pêcheurs.

L'adresse du pêcheur de sardines est de faire que celle-ci, en cherchant sa nourriture, se prenne dans les mailles. Certains patrons acquièrent en cet art un talent que d'autres n'auront jamais. C'est le savoir conscient ou non du pêcheur à la ligne. Quand on juge le filet assez chargé, il est retiré, et pendant qu'on en met un autre à l'eau, le démaillage commence, fort brutal. Deux hommes prennent le filet brasse par brasse et le secouent pour faire tomber le poisson. S'il tient un peu, l'homme le saisit par la queue entre les dents et le dégage avec la main. S'il est trop bien pris, on secoue, on secoue violemment, jusqu'à ce qu'il se casse et tombe en deux morceaux. Ces débris seront pour la soupe au poisson de l'équipage ; en attendant, on les cache. Mais le jour s'avance, il faut rentrer au port. S'il y a du vent, tout est bien ; s'il fait calme, on aura un rude coup d'aviron à donner, pour n'être pas le dernier : les prix seraient tombés ; et demain matin le poisson ne vaudra plus rien, sera bon à jeter, à faire du fumier.

L'aspect des petites villes dont la sardine est la richesse diffère beaucoup des ports de grande pêche, tels que Boulogne, ou Dieppe, ou Granville. Vous ne verrez point à Concarneau, à Douarnenez, ces femmes de pêcheurs au visage bronzé qui interrogent la mer comme une connaissance à elles, et qui savent découvrir à l'extrême horizon le lougre où est leur « homme. » Dans les ports de Bretagne, la femme du marin s'inquiète peu du dehors, on ne la voit pas sur le quai ; c'est tout simplement une ouvrière. La petite ville, elle-même, est une cité industrielle où la vie semble intermittente. Pendant que les barques sont à la pêche, c'est le repos. On voit aux portes des fabriques de conserves, des groupes de filles et de femmes qui causent, tricotent, attendent. Derrière le mur de l'usine bien enfermée, on travaille seulement

Section II

dans l'atelier silencieux des ferblantiers, qui mettent la dernière soudure. On n'entend que le bruit cadencé des boîtes de fer-blanc qui tombent toutes faites de la machine à estamper.

C'est la fin d'une chaude journée d'été. Dans l'azur du ciel, de légers nuages, comme déchirés, annoncent que le vent a tourné avec le soleil couchant, signe de beau temps. La brise est faible : les barques arrivent lentement en masse plus serrée à mesure qu'elles approchent du port. La pêche a-t-elle été bonne ? On le dirait, car les haveneaux sont dressés à l'arrière en signe d'abondance. Les acheteurs sont au quai et regardent. Les marchés se débattent à voix basse et presque en mystère. Un étranger ne se douterait pas que des affaires considérables se traitent. C'est dit : on est convenu de tel prix du *mille*, car le mille de sardines est l'unité commerciale. Le poisson va être compté, lavé, mis par lots de deux cents dans des paniers et transporté à l'usine. Tant mieux s'il est de taille moyenne : gros, il en va trop peu dans les boites, et le consommateur n'est pas satisfait ; petit, les frais de manipulation augmentent, les ouvrières étant payées au mille, et c'est le fabricant qui se plaint. Ah ! il n'est pas besoin de courir aux nouvelles et de descendre au port pour savoir si la pêche a donné. Le bruit de la rue, les allées et venues continuelles l'indiquent assez. Le roulement des voitures, le trot des chevaux, tout jusqu'à la bonne mine des gens, trahit la fortune de passage qui vient de sourire à tous. Et la ville va rester bruyante. Le pêcheur n'a pas ici la sagesse des rudes marins du nord. Les cabarets chanteraient toute la nuit, si les règlements municipaux n'y mettaient ordre. Les usines chantent aussi, mais là c'est le travail et la veille qui font les voix hautes. Car tant qu'il y aura du poisson, les femmes vont fatiguer : point de repos jusqu'à ce que tout soit en boites.

La sardine est d'abord étêtée. On se sert pour cela d'un couteau de bois ; c'est un tour de main à prendre, qui coupe à la fois la tête et enlève les intestins. On lave ensuite le poisson et on le dispose sur des claies de fil de fer où il sèche un peu. Ces claies reprises sont plongées tour à tour dans l'huile bouillante. Quand le poisson est frit, on le laisse égoutter, puis on le verse en tas sur de longues tables, déjà couvertes de boîtes, où sont assises de chaque côté deux files d'ouvrières. De grands quinquets fumeux, empestant l'huile comme tout l'atelier, éclairent le travail. On chante, on parle, on crie. Les contremaîtresses laissent cette liberté pour qu'on se tienne éveillé. Les boites s'emplissent de sardines frites en rangs pressés. On les portera ensuite sous des robinets d'huile, et finalement aux soudeurs, pour être fermées. Il ne reste plus qu'à les faire bouillir et à les mettre par cents dans des caisses qui seront expédiées jusqu'en Guinée, ou à Sydney, aux antipodes. C'est à Londres que se traitent toutes ces affaires d'exportation. Cependant, les têtes enlevées par le couteau de bois avec les intestins ont été soigneusement mises de côté. Demain, un fermier avisé viendra prendre cette vidange, le meilleur des engrais, et avec lui transformera en terre féconde la lande la plus âpre. Il est tel domaine récemment défriché auquel son maître a donné le nom significatif de Ker-am-pelou : en français ce serait quelque chose comme « la Sardinaie. »

La grosse sardine, qu'on pêche seule à la pointe d'Angleterre et à la pointe d'Espagne, ferait de mauvaises conserves à l'huile : on la presse. A la Corogne, de très grands établissements n'ont que cette industrie. Dans la baie de la Corogne, nous ignorons sous quelle impulsion, des bancs considérables de sardines reviennent tous les ans se faire prendre, peut-être en raison de quelque déclivité spéciale ou de quelque couloir sous-marin existant devant ce port. La pêche est d'ailleurs admirablement organisée. Les eaux, toujours abritées où elle se fait, permettent des procédés qui ne seraient pas de mise sur nos côtes. Chaque banc de poissons, à peine entré dans la baie est enveloppé au moyen d'un immense filet en demi-cercle appelé *cedazo*, long de 1 kilomètre 1/2 et haut de 30 mètres. Des cabestans tirent cette seine immense vers la rive pour qu'elle touche le fond. Quand le poisson ne peut plus trouver de passage sous l'engin, on le ferme, et, dans cette réserve flottante, des barques vont chaque jour prendre la quantité de sardines nécessaire pour le travail de l'usine. Pendant le temps qu'on met à épuiser cette mine, la fabrique est pleine d'un monde bruyant d'hommes et de femmes, « porteurs, saleurs, curieux et quémandeurs. » On marche dans une boue glissante de sel, d'huile et de tripes de poissons, où le visiteur n'avance qu'avec d'infinies précautions. Tous ces gens y courent pieds nus, portant des mannes graisseuses qu'ils tiennent sur la tête, au bout de leurs bras constellés d'écailles. La sardine est d'abord mise en saumure pendant une quinzaine de jours, puis disposée en bel ordre rayonnant dans des barils dont les douves, mal jointes à dessein, laissent écouler l'huile et l'eau. Sous un grand hangar, les leviers s'alignent, retenus par l'extrémité à une barre fixée dans le sol, et chargés à l'autre bout d'une pierre pesante. La sardine peu à peu se tasse dans les bans ; on en remet de nouvelles, et, quand ils sont pleins, on serre les douves, on ferme, et il ne reste plus qu'à expédier dans les campagnes, les cités populeuses, les pays relativement pauvres, où la sardine en boite est un luxe. Le bénéfice le plus grand peut-être est l'huile qui a coulé des barils dans des rigoles soigneusement aménagées et de celles-ci dans un réservoir. Après une épuration sommaire, elle sert à la préparation des cuirs et à divers usages pour lesquels l'huile de poisson est spécialement recherchée.

En France, on fait encore avec la sardine une préparation dans la saumure, à laquelle on ajoute des épices et un peu de terre d'ocre pour la colorer. C'est la sardine dite « anchoitée. » Quant à la sardine vendue pour la consommation immédiate, elle est expédiée en demi-sel ; autrement elle ne se conserverait pas. De toutes les matières premières, la sardine est peut-être celle dont la valeur intrinsèque diminue le plus vite avec les heures, beaucoup plus vite que la viande, les fleurs, les autres poissons.

Mais les quantités de sardines vendues a en vert » ou anchoitées sont très peu de chose à côté de la sardine mise en boîtes. Jusqu'en ces dernières années, plusieurs pêcheurs ou petits commerçants avaient encore chez eux des presses et réalisaient quelque bénéfice quand le poisson tombait à bas prix. Cette modeste fabrication a à peu près disparu devant le nombre croissant des usines sur nos côtes ; on en compte aujourd'hui plus de cent. Par suite, les conditions économiques de la pêche se sont profondément modifiées. Le prix du mille de sardines ne dépend plus seulement de la rareté et de la qualité du poisson, mais aussi des besoins des fabriques, qui peuvent avoir de lourds engagements. Pendant la dernière campagne (1887), les prix ont oscillé de 3 francs à 50 francs le mille (à Audierne). Depuis plusieurs années, la situation est désastreuse pour la fabrication de la sardine à l'huile, qui a dû payer le poisson très cher. Les pêcheurs ont cru dès lors qu'ils pourraient toujours vendre le mille à ces prix élevés, et se prétendent lésés s'il ne les atteint pas. Pendant ce temps, l'Amérique mondait les marchés du monde entier avec ses produits, qui n'ont de la sardine que le nom. Et du même coup, pour comble d'infortune la France perdait le monopole de la fabrication honnête. Plusieurs usines s'étaient installées sur la côte portugaise et nous faisaient une rude concurrence, achetant à bas prix de grandes quantités de poisson prises avec les filets perfectionnés. Il y a une légende sur l'origine de cette industrie rivale. Les plus hardis marins de la côte bretonne sont les gens de l'île de Groix, les Grésillans. Sur leurs lougres admirablement gréés, peints de toutes couleurs, aux mâts terminés par une flèche dorée, et qu'on appelle aussi « grésillans, » ils pêchent, ils font le commerce. Le golfe n'a pas de mauvais temps pour eux. En hiver, ils traînent le chalut ; en été, ils prennent le thon ou bien trafiquent de la sardine. Est-elle abondante quelque part, on voit tout de suite arriver les Grésillans. Ils achètent aux pêcheurs, mettent le poisson en demi-sel et vont le revendre sur un autre point de la côte moins favorisé. Gens très pratiques, ils savent à merveille se mettre en commun pour une affaire, jouer du télégraphe et se faire avertir où la pêche donne. Leurs correspondons sont toujours des boulangers, auxquels on retire la pratique du bateau s'ils ont envoyé quelque faux avis. Donc, il y a six ou huit ans, des Grésillans, chassés par une tempête avaient dû fuir devant le temps jusque sur la côte de Portugal et y relâcher. Là, ils remarquent qu'on pêche, à la seine, et en quantité, la même petite sardine qu'emploient nos fabricants, mais qu'on la vend à vil prix. Ils en achètent leur plein chargement et viennent la vendre sur la côte de Bretagne à gros bénéfice. Ils dirent l'avoir chargée à l'île d'Yeu, et ne manquèrent pas de retourner au pays de Cocagne pour recommencer une opération qui avait si bien réussi. On prenait donc bien du poisson à l'île d'Yeu ! On écrivit, on s'informa : les Grésillans n'y avaient pas paru. Ceux-ci, de leur côté, ne surent pas garder le secret : on finit par découvrir qu'ils allaient s'approvisionner en Portugal. Le poisson était de bonne qualité pour être mis en boite, il ne coûtait rien : si on allait là-bas fabriquer la sardine à l'huile ? Un premier courant d'émigration se déclara bientôt, qui n'a plus cessé.

Section III

En fait, l'industrie de la sardine a traversé depuis sept ans, et traverse encore, une crise redoutable. La fabrication courante, celle des produits de qualité moyenne, a été bien près de sa ruine. Même l'abondance de l'année dernière ne paraît pas avoir entièrement conjuré le danger. Il reste, dit-on, un stock considérable à Londres qu'on ne peut écouler aux prix qui sont offerts. La cause principale de cette crise a été, avant tout, la rareté du poisson depuis 1880, sauf en 1883, qui fut une année moyenne. Alors on a prétendu, comme il arrive toujours en pareil cas, que la sardine abandonnait nos rivages. Chacun a donné son explication, sans se, rendre compte des difficultés du problème. Si nous savions seulement d'où elle vient et pourquoi elle vient, peut-être pourrions-nous spéculer sur sa disparition. Mais ce n'est pas l'incertitude, c'est le néant absolu de nos connaissances qu'il faut constater ici. La plus grande partie de la vie de la sardine se passe loin des côtes, sous d'autres latitudes ou dans des profondeurs inaccessibles : peu importe au demeurant, elle se dérobe à nous, voilà le fait. La belle saison ramène dans nos baies la sardine âgée d'un an environ, comme le hareng revient tous les ans à la côte ; mais lui du moins, nous savons l'instinct, le besoin qui le conduit. Le corps des femelles gonflé d'œufs mûrs le dit assez. Le hareng vient chercher ses frayères, et, à la fin de la saison, on le pêche le ventre vide, après la reproduction. Le même instinct ne conduit pas la sardine de rogue, dont les ovaires sont bien loin d'être à maturité, même quand elle quitte nos eaux à l'entrée de l'hiver. Pourquoi cette apparition annuelle suivie d'une disparition tout aussi régulière ? Nous l'ignorons. Aucun voile n'a été soulevé de ce côté : nous sommes réduits aux plus vagues conjectures. Cette avancée en masse de la sardine dans les eaux peu profondes est-elle le contre-coup de migrations d'ennemis qu'elle fuit, mais qui ne la suivent pas aussi loin, et nous demeurant inconnus ? C'est le mystère des abîmes. Ainsi vit au fond de l'Atlantique tout un peuple de grands poulpes, sans qu'on les voie jamais à la surface ou dans le voisinage des côtes. Cette explication des migrations de la sardine est très peu vraisemblable ; mais les autres ne sont guère meilleures.

On avait pensé que peut-être la sardine de rogue vient dans nos eaux en quête de quelque nourriture préférée. Des observations précises ont montré que la sardine, comme la plupart des autres poissons d'ailleurs, est fort éclectique, et n'a de préférences que quand elle peut choisir. Elle prend ce que la mer lui offre, et celle-ci est généreuse, étant pleine de vie. Mais la sardine est un terrible creuset ; sauf en certains jours, quand elle « ne travaille pas, » elle ne paraît jamais rassasiée, se jetant avec la même avidité sur la rogue, sur la gueldre, et même la farine d'arachide.

La température des eaux, échauffées l'été, refroidies l'hiver, a-t-elle un rôle ? Cela semble assez probable, mais on n'en peut donner aucune démonstration ; elle exigerait des études spéciales qui n'ont jamais été faites. La sardine de dérive semble se complaire dans des eaux plus froides, la sardine de rogue rechercher les eaux dont la température ne soit pas inférieure à 12 degrés. Peut-être, quand la mer s'est échauffée au printemps, pousse-t-elle ses incursions dans nos baies comme extrême limite de ses déplacements ; puis, quand vient l'hiver, à mesure que l'abaissement de la température des eaux resserre le champ de ses courses, elle se retire. Il est probable qu'au fond les choses doivent se passer un peu de la sorte. Toutefois, il resterait à expliquer pourquoi la sardine de rogue ne remonte pas au-delà de la Manche, bien que la surface de l'océan, dans les mois d'été, atteigne 12 degrés jusqu'au nord de l'Ecosse. Nous ignorons, d'autre part, si on ne la trouverait pas, en hiver, dans les eaux du Maroc, où la température de la mer est à peu près la même qu'en été sur nos côtes.

Pouvons-nous au moins supputer l'âge de la sardine de rogue quand elle fait son apparition dans nos eaux ? En pouvons-nous tirer quelque indication sur la durée ou l'étendue de ses déplacements ? Pendant la dernière saison, le 10 juin, on vit tout à coup apparaître des bancs de très petites sardines longues de 3 à 4 centimètres seulement. Elles arrivaient en quantités innombrables, au point que les pêcheurs s'en dirent gênés. Elles se jetaient avidement sur la rogue, en pure perte, les filets n'ayant pas de mailles assez fines pour un pareil fretin. Depuis trente ans, jamais sardines plus jeunes ne s'étaient montrées sur nos côtes ; quel était leur âge ? On possède sur la croissance des poissons quelques données se rapportant à des espèces fort différentes, et qui cependant concordent assez bien : de sorte qu'on est en droit, jusqu'à un certain point, de les étendre à tous les poissons. Le développement des saumons et des truites a été soigneusement étudié par Coste au Collège de France, et par M. Jousset de Bellesme à l'aquarium du Trocadéro, qui a rendu par ce côté d'importants services. Le hareng de la Baltique, enfermé dans une mer peu profonde, est depuis longtemps, à Kiel, l'objet d'études suivies. Le saumon, la truite, le hareng, grandissent assez sensiblement, à raison de 0m, 01 par mois. En appliquant cette règle à la sardine, on trouve que les bancs de poissons de 0m,03 à 0m,04, vus cette année, devaient avoir trois ou quatre mois. D'après le même calcul, la sardine de rogue qu'on pêche habituellement aurait un an d'âge ; la sardine pondrait pour la première fois dans le cours de sa deuxième année, un peu avant d'atteindre toute sa taille ; enfin, la sardine adulte, la sardine de dérive, serait âgée de deux ans au moins.

A Paris, aussi bien qu'à Kiel, on a remarqué que l'abondance ou le manque de nourriture n'avaient qu'une influence assez faible sur la croissance du poisson. L'eau, mais surtout l'eau de la mer, est toujours chargée d'une infinité d'êtres invisibles et de particules organiques que les poissons absorbent en faisant passer cette eau dans leurs ouïes pour respirer. Aussi croit-on quelquefois qu'ils vivent sans nourriture, quand ils sont simplement réduits au minimum d'alimentation suffisant. Pour les poissons pélagiques, tels que le hareng ou la sardine, il n'y a jamais jeûne réel ; on ne les voit jamais efflanqués, étiques, portant la tête large sur leur corps amaigri, comme sont des truites enfermées dans l'eau vive d'une fontaine où on ne les nourrit pas. La différence d'alimentation ne saurait donc expliquer la taille si différente des bancs de sardines qui se succèdent à la côte. D'où qu'ils viennent, on peut affirmer qu'ils ne sont pas de même âge. Voilà une indication précieuse. La sardine n'aurait donc pas d'époque pour frayer, ce qui donne à penser qu'elle vit d'habitude dans des eaux gardant une température égale, soustraites à l'influence des saisons, loin de la surface. C'est par accident, en voyageuse, qu'elle visiterait nos côtes, d'où l'hiver la chasse. Comment, d'ailleurs, si elle frayait dans des eaux plus prochaines, expliquer qu'on ne la rencontre jamais toute jeune ? Comment expliquer que ses bancs, innombrables avant d'avoir été la proie des nombreux ennemis qui s'en repaissent, ne soient pas de temps à autre, par aventure, refoulés vers la surface et vus des pêcheurs attentifs à tous ces signes de la nier, où ils cherchent les promesses de l'avenir ? Or jamais rien de tel n'a été observé.

Section IV

Il suffit de réfléchir un instant à ces conditions d'existence de la sardine, si cachées, si profondes, pour être dès l'abord en garde contre toutes les explications qu'on a prétendu donner d'une diminution de la sardine sur la côte de France, sans même s'être demandé si la preuve était faite de cette diminution. Les dires des pêcheurs à ce sujet sont de nulle portée. Ils cèdent à l'illusion commune d'un temps passé meilleur. C'est le propre de notre nature de nous payer ainsi de souvenirs embellis. La science, malheureusement, est plus exigeante et réclame une base plus solide à ses déductions. Nous les avons entendus, les récits de ces pêches miraculeuses d'autrefois, qu'on ne fait plus. Peut-être la mémoire ne trompe pas celui qui les évoque ; mais il se les rappelle précisément parce qu'elles ont, dans le temps, frappé son esprit comme des exceptions. Puis, à la longue, l'empreinte du fait extraordinaire est restée, effaçant la banalité des souvenirs journaliers. C'est là un phénomène psychique bien connu et dont U faut toujours tenir compte pour juger à leur valeur les témoignages même les plus sincères. D'ailleurs, quand on va aux sources, aux registres des usines, aux quantités de sardines passées en douane ou pesées, on s'aperçoit que rien n'est changé, et qu'aujourd'hui comme autrefois, les bonnes et les mauvaises aimées se succèdent avec des alternances variables, dans un ordre auquel nous ne pouvons rien.

C'est un travers commun de croire que la nature nous doit d'autant plus ses biens que nous avons moins à faire pour les obtenir. Le laboureur qui peine et qui sue en son champ n'a qu'une demi-déception si la récolte n'est pas bonne. Il sait que son travail n'est pas la garantie certaine de la moisson à venir ; que l'année peut être mauvaise et même suivie de plusieurs autres aussi mauvaises. A plus forte raison en est-il ainsi des biens de la mer, que nous n'avons rien fait pour mériter. Pourquoi donc la sardine reviendrait-elle chaque saison en quantité égale, quand l'inégalité est la règle presque nécessaire de tout phénomène annuel ? A la vérité, les années de disette de sardines se sont répétées, ces derniers temps, plus qu'elles ne l'avaient fait depuis près d'un siècle. En sept ans, on en a compté six, trois d'abord et trois ensuite, séparées par une année moyenne : 1883. Or, si nous remontons aussi loin que le permettent les rares documents certains qu'on possède, nous voyons que jamais en effet plus de trois mauvaises années ne se sont succédé. On a donc pu prévoir, — autant que les prévisions sont permises en biologie, — que l'année 1887 serait tout au moins moyenne. Elle a été exceptionnelle d'abondance. Mais le contraire se fût-il produit, la sardine eût-elle complètement disparu, ce n'est certes pas à la pêche plus ou moins intensive, à tels ou tels engins qu'il eût fallu s'en prendre. Ici, nous avons l'exemple du hareng, qui a déserté à diverses reprises, et pendant de longues années, les parages de Bergen, sur la côte de Norvège. Bergen est un vieux port de pêche, autrefois rattaché à la Hanse. De bonne heure, le commerce y a pris des habitudes d'ordre. Les archives de la ville, entre autres renseignements précieux, nous donnent le compte du hareng péché pour être mis en sel, depuis l'origine de cette industrie en 1460. Or on voit par ces archives qu'en 1567, le hareng disparut de la côte. En 1644, c'est-à-dire soixante-dix-sept ans après que la pêche avait cessé, il reparut près de Stavanger et ensuite plus au nord près de Bergen. De 1650 à 1654, il disparaît, et c'est seulement plus de quarante ans après, vers la fin du XVIIe siècle, qu'on reprend la pêche. Elle continue avec des résultats très variables pendant près de quatre-vingt-dix ans, jusqu'en 1784. Alors le hareng se dérobe de nouveau pendant vingt-quatre ans, et ce n'est qu'en 1808 qu'on commence à le retrouver aux environs de Bergen. A partir de 1835, il semble se déplacer et descendre vers le sud. Depuis 1870, la pêche du hareng avait cessé une fois de plus sur la côte sud-ouest de Norvège, quand, il y a quatre ou cinq ans, quelques bandes se sont montrées et ont fait revivre de nouvelles espérances.

Mais quelles belles occasions n'a-t-on pas eues vers 1567 ou 1650, en 1784 ou 1870, pour incriminer les filets, pour parler de la destruction d'une source vive de richesses par les engins employés ou par la quantité de poisson enlevée à la mer ? Toutes ces déclamations on les a entendues, quand la sardine, deux ou trois ans de suite, a paru abandonner nos côtes. Nous ignorons si les pêcheurs norvégiens ont été plus raisonnables et de meilleur sang-froid que les nôtres. Il est probable qu'ils ont aussi expliqué la chose à leur manière et se sont autant de fois trompés. Est-il même bien sûr que la science ait donné la juste raison ? Un naturaliste norvégien, M. 0. Sars, très versé dans les choses de la mer, a pensé que les bancs de harengs, en dehors de l'époque du frai, ont pu être entraînés au large à la poursuite de leur nourriture, qui se compose, comme celle de la sardine, d'embryons de mollusques et de petits crustacés errants. Quand le temps de la ponte, périodique chez le hareng, est revenu, les bancs trop éloignés des côtes ont dû chercher d'autres frayères que celles où ils avaient habitude. On a cru constater, en effet, que d'immenses nuées de petits crustacés, dans l'Atlantique nord, s'étaient un peu déplacées vers l'ouest, et M. 0. Sars a supposé une relation entre les deux phénomènes, mais voilà tout. Nous ne sommes pas même aussi avancés en ce qui touche la sardine, dont l'étude offre d'ailleurs, — hâtons-nous de le dire, — des difficultés bien autrement grandes que celle du hareng ; parce que nous manquons, avec la sardine, de tout point de repère, ne sachant ni en quels lieux elle pond, ni les causes qui l'attirent dans nos eaux, ni celles qui l'en éloignent.

On a fait, pour expliquer la prétendue diminution de la sardine, les suppositions les plus étranges. Un document officiel tout récent ne signalait pas moins de onze causes reconnues par les uns ou par les autres, comme ayant contribué à éloigner le poisson de nos baies. On s'en est pris à tout, sans même craindre le ridicule : au Gulf stream, aux bateaux à vapeur, aux pauvres diables qui traînent sur la côte leurs dragues à chevrettes pour gagner quelques sous. On a surtout fait valoir la grande destruction : « Plus on prend de sardines, moins il y en aura, » semble à première vue un raisonnement de bon sens et la vérité même. Pourtant il n'en est rien. Dans ces termes, le problème est mal posé, par cette raison qu'on ne tient pas compte de deux données capitales : 1° le volume de l'être vivant dont il s'agit ; 2° l'étendue de l'aire sur laquelle on en poursuit la destruction. On extermine l'aurochs dans les forêts de l'Europe, les loups en Angleterre, les lapins d'une garenne, les carpes d'un étang ; il est déjà beaucoup plus difficile de dépeupler complètement d'écrevisses une rivière en communication avec les autres affluents d'un grand fleuve ; on ne débarrasse pas de pucerons un jardin, fût-il grand comme la main, et vous ne pouvez pas dire que plus vous en aurez détruit, moins il y en aura l'année prochaine.

Nous jugeons, c'est l'erreur commune, des choses de l'océan par celles de la terre ferme. On croit résoudre les questions de grande pêche comme celles du dépeuplement d'un lac ou de la disparition d'un gibier recherché. C'est une grande illusion. Le continent, les eaux douces, les rivières, les fleuves, ou même les mers fermées comme la Baltique et la Méditerranée, sont des champs clos où l'homme armé de ses engins a tout l'avantage et peut faire toutes les exterminations qu'il veut, pourvu que l'être vivant auquel il s'attaque ait une certaine taille relative. Autrement, il est impuissant. Cela se voit bien dans la lutte avec l'insecte, « l'infini ailé, » comme l'appelle Michelet.

Mais l'océan ! cinq fois plus grand que la terre solide en superficie, l'océan est continu, sans limites, sans bornes ; et, de plus, il a la profondeur où le regard même ne peut suivre aucun animal. On ne dépeuple pas l'océan, pas plus d'ailleurs qu'on ne le féconde, comme l'avait cru un instant Coste, bien vite revenu de ses premières illusions ; comme on semble aujourd'hui le croire en Angleterre, où, dit-on, de nouveaux essais de pisciculture marine vont être tentés, dont l'échec est certain. On ne peuple pas, on ne dépeuple pas la mer. Toutefois, il faut ici faire une distinction, selon qu'il s'agit d'espèces pélagiques ou d'animaux vivant à la côte, sur le sol submergé, comme le turbot, la barbue et surtout le homard ou la langouste. Tous ces animaux, dans le premier âge, errent à l'aventure, sont pélagiques ; on peut les rencontrer jusqu'au milieu des océans. Plus tard seulement, ils deviennent en quelque sorte des animaux terrestres, ne quittant plus le sable et la roche, au fond des eaux. Et comme on ne les chasse que sur une bande étroite de littoral, ils sont un peu soumis, dans cette aire restreinte, à la même loi que les animaux du continent. Où l'homme les poursuit sans relâche, ils diminuent. Il n'y a pas quarante ans que les pêcheurs de la côte de Bretagne faisaient fi du homard, ne le mangeaient pas ; et quand les premiers navires homardiers vinrent d'Angleterre s'enquérir s'ils en trouveraient à acheter, l'étonnement fut grand : on se demanda ce que les Anglais pouvaient bien faire de ces bêtes inutiles. Les homards alors vivaient parmi les rochers du rivage. Aujourd'hui, c'est par cinquante brasses qu'il faut aller poser les casiers qui les prennent. Cela veut-il dire que l'espèce soit détruite ou même ait sensiblement diminué en nombre ? Nullement. Elle a été un peu refoulée, voilà tout. Elle est devenue plus rare sur la bande de côte où on la prend, mais au-delà, sur des espaces mille et cent mille fois plus grands, il y a toujours, il y aura toujours autant de homards. De même on a pu chasser du voisinage des côtes les grands cétacés. Ils ont d'abord contre eux leur taille. En outre, forcés sans cesse de revenir à la surface de la mer pour respirer, leur rencontre est fatale avec le baleinier armé de son harpon. Ce sont, dès lors, presque les conditions de la chasse aux grands fauves sur le continent, et l'œuvre d'extermination s'achèverait vite si la mer n'était si vaste. Déjà les petits cétacés, le marsouin, le dauphin, bénéficient de leur taille moindre et ne paraissent guère diminuer, malgré le carnage qu'on en fait. Les phoques eux-mêmes, qui ne sont pas des animaux tout à fait marins, semblent défier la destruction la plus violente. Combien donc seront favorisées les petites espèces de poissons errantes dans l'immense étendue des eaux, sans besoin de revenir à la surface, insaisissables, invisibles, excepté un petit nombre de jours chaque année, sur 200 à 300 milles carrés d'étendue tout au plus ! Qu'on rapproche par la pensée toutes les eaux où l'on pêche la sardine, de la pointe de Cornouailles à Cadix, elles ne représentent pas ensemble la superficie de la Manche, et qu'est-ce que la Manche comparée à l'Atlantique ! Faire diminuer la sardine en la pêchant dans ce coin perdu ! autant prétendre détruire les hirondelles en exterminant ce que le printemps en ramène dans une seule ville. Entre des limites aussi étroites de durée et d'étendue, la pêche la plus intensive ne saurait avoir aucune influence sur l'équilibre d'une espèce pélagique. Ne le voit-on pas assez par la morue, qu'on prend non pas dans le premier âge, comme la sardine, mais au moment même où les femelles vont pondre leurs milliers d'œufs, à tel point qu'on charge des flottes avec les rogues extraites de leur corps ? Et cependant on prend toujours autant de morues et autant de harengs. C'est que quelques millions des unes, quelques milliards des autres, capturés par l'homme, ne sont qu'un appoint insignifiant, ne comptent pas dans le nombre incalculable qu'il y en a.

Une sorte d'équilibre assigne à chaque espèce vivante, sur la planète, un nombre moyen d'individus dont elle ne peut plus s'écarter sensiblement, précisément parce qu'il résulte de milliers de siècles de concurrence vitale et de lutte contre des agents de destruction bien autrement puissants que tous les engins de tous les navires de pêche de la terre. Ce n'est pas en quelques années que l'homme a le pouvoir de troubler cet équilibre. D'ailleurs, on l'a bien vu : pendant que les habiles et les demi-savants dissertaient à perte de vue sur les causes de la disparition de la sardine, la bonne Nature, l'*alma parens*, nous la renvoyait, la saison dernière, par multitudes. Il y en avait et il y en avait encore. Certes, ce n'est pas là le fait d'une espèce qu'on détruit : il se produirait bien chez elle, de temps à autre, quelque reprise dans le nombre des individus, mais toujours assez faible ; la marche générale décroissante n'en serait pas suspendue. La sardine ne nous offre rien de tel, mais au contraire des oscillations considérables, sans règle déterminée. La meilleure comparaison pour expliquer ces différences est celle des fruits d'un verger. L'abondance ou la disette résultent d'une foule de conditions diverses, d'états par lesquels a passé l'arbre peut-être dès l'été précédent, ou tandis qu'il paraissait sommeiller l'hiver, mais à coup sûr depuis que la sève travaille à nouveau sous son écorce. La fructification heureuse est le couronnement d'une série presque indéfinie de réactions intimes, dont chacune, plus ou moins intégralement accomplie en temps voulu, va entraîner de proche en proche d'autres réactions favorables ou non à la fécondation, au développement, à la maturation du fruit. De même, dans la mer, chaque révolution solaire ramène la sardine de rogue plus ou moins nombreuse sur nos côtes, en vertu d'un enchaînement de phénomènes océaniques dont l'analyse serait sans doute fort délicate, et en tout cas nous échappe pour le présent. Eux seuls la font rare ou abondante, selon les années. Nous n'y pouvons rien, et il faut avoir la sagesse de se dire que nous n'y savons rien.

Section V

On est souvent enclin, dans les questions de pêche, à s'en rapporter aux pêcheurs, ils doivent s'y connaître, cela semble tellement naturel au premier abord ! Il en faut beaucoup rabattre. Certes, ils ont dans les choses pratiques de leur métier une autorité que nul ne songe à contester, mais on doit convenir aussi que leur opinion perd toute valeur dans les questions qui touchent à l'économie de la pêche et à ses rapports avec l'industrie. Il serait facile de montrer par des exemples combien nos populations maritimes, si intéressantes à tant d'égards, sont peu en état de trancher ces questions générales. Rappelons seulement, — ce n'est pas sortir de notre sujet, — l'opposition presque violente faite dans le principe aux filets fabriqués à la mécanique. Est-ce qu'ils allaient-être aussi bons que les autres ? Et puis n'allait-on pas réduire à la misère les femmes des pêcheurs qui n'auraient plus cet ouvrage ? Peu s'en fallut qu'on jetât à l'eau ceux qui les avaient introduits dans tel de nos ports où, bien entendu, on ne voit plus depuis longtemps un seul filet à la main. Il faut se rendre bien compte que le pêcheur, dans les conditions nouvelles où se fait la pêche de la sardine, n'est plus qu'un ouvrier industriel, pratiquant en quelque sorte l'extraction d'une matière première. Du jour où on n'a plus pressé la sardine, l'usine est devenue la seule ou au moins la principale clientèle du pêcheur. Mais l'usine est un établissement coûteux, il y a de lourds frais généraux, des approvisionnements d'huile, de boites, de charbon, des engagements avec tout un personnel. Il faut fabriquer coûte que coûte, même en mauvaise année, pour exécuter des commandes acceptées sur la prévision d'une pêche moyenne. Le poisson est payé en conséquence. Et comme cet état s'est prolongé, le pêcheur en est arrivé insensiblement à désirer qu'il y ait le moins de sardine possible, pour la vendre plus cher. De toute cette période difficile qu'on vient de traverser, il se rappelle seulement les jolies sommes empochées pour un mille de sardines. Il croit que cela pourra toujours durer, et si l'on parle d'engins perfectionnés propres à prendre beaucoup de poisson et qui en feront baisser le prix, il se voit d'avance a réduit, — c'est le dire du pays, — à manger du foin. » Il est simpliste et ne saisit que l'effet immédiat des choses. Vous ne lui ferez jamais comprendre que le nombre de mille vendus pourra compenser l'abaissement du prix du mille ; que, s'il gagne un peu moins, sa femme, sa fille, employées à l'usine, ont de meilleurs salaires ; que l'abondance du poisson, quelque prix qu'on le paie, est forcément la richesse, tout au moins l'avenir assuré ; qu'à l'acheter trop cher les usiniers se ruinent ; et que, s'ils fabriquent, au contraire, de grandes quantités de conserves, les transactions, les transports vont subir le contrecoup de cette activité, la petite ville va prospérer, le bien-être augmenter pour tous, même pour le pêcheur, étonné à la fin d'avoir fait une si bonne année quand le poisson se vendait pour rien.

Depuis huit ou dix ans, un certain nombre de pêcheurs, plus avisés que les autres, se servaient de seines à sardines, de ces filets qu'on est bien forcé d'appeler perfectionnés, supérieurs de beaucoup à l'ancien filet. C'est exclusivement avec des seines qu'on pêche en Portugal et que s'alimentent les usines dont la concurrence devient si redoutable pour notre commerce. En France, elles furent adoptées d'abord à Douarnenez, puis on les avait faites plus petites, on les avait rendues plus pratiques, et alors, depuis deux ans, elles s'étaient rapidement propagées à Audierne, à Saint-Guenolé, au Guilvinec, jusqu'à Quimper. Les premières seines, très grandes, étaient des engins coûteux. Ceux qui n'en avaient point s'inquiétèrent ; il y eut quelques désordres. Le gouvernement, pour donner raison dans une certaine mesure aux réclamants, interdit les seines dans la baie de Douarnenez et dans la baie d'Audierne du 1er janvier au 15 octobre. Il les autorisait seulement à la veille de l'époque où la sardine quitte nos côtes. On allait avoir beau jeu à dire que ce sont les seines qui la mettent en fuite. Ou n'y manqua pas. Les mauvaises années aidant, les plaintes recommencèrent de plus belle ; mais, surtout depuis quelques mois, il s'était formé une sorte de parti dans nos ports de pêche, même à Douarnenez, répétant, criant qu'avec les seines on prenait trop de poisson et qu'on allait le détruire, en tout cas avilir les prix. Au fond, cette dernière raison était seule la vraie et trop facile à exploiter dans l'esprit d'une population incapable de raisonnement. En dehors du monde des pêcheurs, plus d'un, qui aurait pu sans doute conjurer le mal, prêta à leurs récriminations une oreille trop complaisante, et, loin de calmer des craintes imaginaires, ne fit qu'aggraver la situation en paraissant les partager. Les esprits s'échauffèrent, et l'on pouvait redouter de nouveaux désordres. C'est alors que l'administration de la marine annonça qu'elle allait aviser. Son rôle était tout tracé : quand elle n'aurait pas partagé les préjugés de ses « inscrits » sur l'emploi des seines à sardines, il suffisait que la majorité de la population maritime en réclamât l'interdiction, pour que cette mesure, même avec les inconvénients, avec les suites fâcheuses qu'on pouvait entrevoir pour l'industrie, devînt une mesure presque nécessaire.

La grande seine à sardines est un immense filet flottant, en demi-sac, ouvert d'un côté au moyen d'une coulisse, fermé par le bas. La ralingue, garnie de lièges, dessine à la surface de la mer une grande ligne courbe, aux extrémités marquées par deux barils flottants. Deux barques, gardant leurs distances, maintiennent le filet ouvert, tandis qu'une troisième, au milieu, jette un peu d'appât pour attirer le poisson. Quand on juge le moment venu, la coulisse est vivement tirée, et la seine devient une immense poche d'où rien ne peut plus sortir. On la rétrécit peu à peu, et, finalement, on enlève à pleins paniers tout le poisson en vie, qu'on jette dans la barque, palpitant, comme un flot métallique. On prend ainsi beaucoup plus de sardines qu'avec l'ancien filet et on économise la rogue : double avantage.

Le gouvernement a prononcé. Les seines à sardines sont désormais interdites dans toute l'étendue des eaux françaises. La majorité des pêcheurs s'en applaudit. En certaines localités, la joie n'a pas eu de bornes : on a illuminé ; mais les fabricants, de leur côté, se demandent si le dernier coup n'a pas été porté à leur industrie, déjà bien menacée, et dont la ruine définitive entraînerait à son tour la misère des pêcheurs. Déjà le marché tendait à se déplacer : il est à craindre que la lutte avec l'étranger devienne encore plus difficile, sauf pour quelques maisons de premier ordre, dont la marque fait prime dans le monde entier. C'est la fabrication moyenne, la fabrication courante, qui est compromise. Aussi les chefs d'usine étaient-ils en général partisans des seines, des moyens de pêche perfectionnés permettant de prendre beaucoup de poisson et de l'avoir à meilleur compte.

Il faudrait encore savoir si ceux qui combattaient les seines, n'ont pas dépassé le but ; si tous les griefs articulés contre les seines à sardines ne seront pas un jour retournés contre les seines à sprats, contre la drague et le chalut, enfin contre tous les arts traînants qui font vivre le pêcheur en hiver. Le décret de 1862, rendu sous l'inspiration de Coste, avait inauguré dans nos règlements de pêche un système de liberté très grande. Cette liberté, il semble qu'on tende à la restreindre chaque jour davantage, et chaque fois dans le dessein de protéger le poisson. L'interdiction des seines dans les eaux de Douarnenez et d'Audierne avant le 15 octobre était un premier pas : on est allé jusqu'au bout.

A envisager les choses de sang-froid, on demeure confondu de l'importance donnée à cette affaire des seines, grossie outre mesure par la passion des uns et l'intérêt des autres. Sur les points de la côte d'où sont partie » les plaintes les plus vives, on n'en faisait même pas usage ; l'ancien filet était seul employé : Le malheureux baudet de la fable n'a jamais été chargé d'autant d'anathèmes que ces filets perfectionnés, dont l'unique tort est de trop bien pêcher. Les moins violents ont reproché aux seines de prendre avec la sardine trois ou quatre autres espèces de poissons dont les bancs vivent mêlés aux siens : anchois, petits maquereaux, sprats ; or tout cela est de bonne prise et se vend dans les usines, qui en font aussi des conserves ; le mal n'est donc pas bien grand. Mais, dit-on, on a vu les seines rapporter des quantités d'autres poissons, de petites dorades en si grand nombre que les hommes ne savaient plus où se mettre dans la barque. Sans doute, le cas a pu se présenter. Mais on répondra que le seul fait de l'attention donnée à ces coups de filet extraordinaires, le seul fait qu'on s'en souvient et qu'on les cite après plusieurs années, est la meilleure preuve qu'ils sont bien rares. On doit aussi se demander s'ils sont un mal ; si la destruction des petites dorades ne profite pas à la sardine, en concurrence vitale avec elles dans les mêmes eaux, à la poursuite des mêmes proies.

Mais surtout on a reproché aux seines de « draguer le fond, » trois mots magiques avec lesquels il est bien facile d'allumer la guerre chez nos pêcheurs. Draguer le fond, c'est bouleverser, ruiner, dépeupler les champs de goémons et les bancs de sable où le pêcheur traînera son chalut pendant l'hiver. Draguer le fond, c'est lui retirer son pain aux mois les plus durs de l'année, c'est l'acte criminel entre tous, et pourtant lui-même ne fait que cela, et en vit. Mais il ne faut pas que ce soit avec un filet à sardines ! il ne faut pas que ce soit trop près de la côte ! Assurément, dans les baies comme celle de Douarnenez, il arriva plus d'une fois que l'immense sac des seines frôlait le fond. Comment en douter ? il revenait parsemé d'étoiles de mer, d'oursins, de bêtes toujours rampantes accrochées par leurs piquants dans les mailles. Mais le mal ici non plus n'était pas bien grand. On sait le rude effort du chalut, le lourd engin traîne des heures entières, l'armature solide portant le filet, les poids aux extrémités, la chaîne de fer bordant en dessous l'ouverture : c'est qu'il faut entrer dans le sable, faucher en quelque sorte les goémons par la racine, pour surprendre le poisson qui s'y cache. Bien différente est la seine à sardines, toujours tissée d'un fil très fin, et qui n'est ni lestée, ni même traînée. Le pêcheur est le premier à redouter que son filet touche le fond. La plus petite pointe de roche, la moindre épave coulée va le déchirer comme un clou ravage une dentelle, et c'est un accroc de vingt brasses qui se fait de la sorte et qu'il faut réparer avant de continuer la pêche, — quand le filet n'a pas été fendu de bout en bout. La vérité est que, sous le poids léger de la seine, les goémons plient simplement la tête, comme pour mieux protéger toutes les générations d'êtres que l'imagination fait vivre dans leurs dures frondaisons. Car les pêcheurs se trompent encore quand ils prétendent que « l'herbier » vert, ces plaines sous-marines où les anciens croyaient revoir le gazon de l'Atlantide submergée, sont le refuge de beaucoup d'animaux. Elles en abritent fort peu ; fort peu y déposent leurs œufs. La vie intense, la vie prodigieuse par le nombre et la variété des espèces, par les pontes de toutes sortes, c'est dans les massifs rocheux qu'elle s'abrite, dans les fissures et sous les pierres, dans tous les fonds accidentés dont se garde le pêcheur, par crainte d'y laisser son chalut.

On a dit encore, — et que n'a-t-on pas dit ? — que le bruit des anneaux de la coulisse, quand on clôt la seine pour « faire le sac, » mettait le poisson en fuite : c'est supposer que des pêcheurs, qui ne comptent pas parmi les moins fortunés et les moins habiles, vont se faire à plaisir les victimes d'un mauvais procédé de pêche… et y persister. Car on en est arrivé à l'enfantillage dans cette campagne menée contre les filets perfectionnés. Il est certain qu'un bruit, même faible, peut effrayer la sardine ; mais il y a loin de là à la chasser sans retour. Et, d'ailleurs, les bancs ne se succèdent-ils pas d'un jour à l'autre dans leur roulement continu ? Pour un de parti, deux reviennent. Il y a quelque vingt ans, les pêcheurs de pilchards, aux environs de Falmouth, sur la côte de Cornouailles, ayant éprouvé, eux aussi, une série de mauvaises années, prétendirent que des essais d'artillerie faits dans le voisinage étaient la cause du mal et avaient pour toujours éloigné la sardine. A Concarneau, la saison suivante, un pêcheur, renchérissant, soutint que, si la sardine devenait moins abondante dans la baie, la faute en était aux tirs d'épreuves qu'on fait à Gavres, près de Lorient, à douze lieues de là, et il voulait qu'on déplaçât le polygone de l'artillerie. L'artillerie n'en a rien fait, elle a eu bien raison. On raconte qu'au sein d'une commission où des pêcheurs furent appelés à donner leur avis sur l'emploi des seines à sardines, après que celles-ci avaient été unanimement condamnées comme détruisant le poisson, chassant celui qu'elles ne prennent pas, ruinant le fond et causant bien d'autres méfaits encore, la question se pose de savoir s'il ne convenait pas d'étendre la même proscription aux seines à sprats, qui sont plus grandes et qui font de plus terribles razzias dans la mer. Unanimement les seines à sprats furent déclarées les plus innocentes du monde.

Le prix élevé d'une seine, quand il faut l'ajouter à celui d'un jeu de filets ordinaires, explique que l'usage ne s'en soit pas plus vite répandu. Il était possible, d'ailleurs, que l'ancien filet gardât sa raison d'être à côté de la seine, parce que seulement avec lui on prend tout poisson de même « moule, » ce qui est un avantage pour les manipulations ultérieures et la fabrication des produits de première qualité ; tandis que la fabrication courante a surtout besoin de beaucoup de sardines à bon compte, ce que donnent les seines.

En somme, toute la question se résume à ceci : notre industrie pourra-t-elle se maintenir malgré l'interdiction des filets perfectionnés ? Quand le poisson est abondant, peu importe l'engin, — on en prendra toujours assez, et il ne sera pas cher. Mais si le poisson est rare, l'ancien filet ne sera-t-il pas insuffisant ? Voilà ce qu'il faut se demander, car alors les prix monteront, et l'industrie portugaise continuant de prospérer, c'est pour nous la ruine à brève échéance. Il faut convenir que les partisans des seines font valoir des arguments qui ne sont pas tout à fait sans valeur : d'abord l'économie de rogue, mais surtout l'augmentation de salaire qui revient à la famille du pêcheur par le travail des femmes à l'usine. En 1878, les fabricants de Concarneau ont payé aux ouvrières une somme ronde de 480,000 francs, correspondant à la manipulation de 240 millions de sardines mises en boîtes. On en avait pêché 440 millions, dont les fabriques n'avaient employé que les trois cinquièmes. Le reste fut pressé, anchoité, mis en saumure, vendu en vert. Tous les barils à rogue, même les vieilles caisses, avaient été mis en réquisition. Chacun s'était fait industriel d'occasion et pressait pour son compte. Ce fut partout l'abondance, en cette année dont on parle encore, mais sans comprendre la leçon qu'elle apportait. Il est bien certain que les moyens de pêche, si perfectionnés qu'on les suppose, ne fourniront pas toujours pareilles quantités de sardines. C'est l'année qui était exceptionnelle ; mais rien ne montre mieux combien les pêcheurs font un calcul inexact quand ils craignent d'avoir à souffrir de l'abondance de poisson péché.

La raison toujours invoquée pour restreindre les moyens de pêche est la protection des espèces. C'est aujourd'hui une tendance assez générale de protéger ainsi tout le monde et toutes choses. On entrave une grande industrie pour ménager, — encore n'en est-on pas bien certain, — la reproduction de quelques milliers de soles et de turbots destinés aux marchés et au luxe des grandes villes. Il est très vrai que le pêcheur vit de la prise de ces espèces une partie de l'hiver, mais c'est, en somme, un bien faible appoint sur le revenu annuel qu'il tire de la mer. C'est surtout le maquereau, la sardine, qui lui rapportent. Là, comme toujours, la matière première utile au plus grand nombre, abondante, à bon marché, est la plus précieuse : la morue de l'Atlantique du nord est une bien autre richesse que toutes les huîtres perlières de l'archipel indien.

Quant à protéger la sardine, elle n'en a que faire, autant que la morue ou le hareng océanique. Les Portugais l'ont bien compris, qui la pêchent par les moyens les plus perfectionnés, dont nous ne voulons pas en France, et sans nul souci d'anéantir les bancs qui passent à leur portée. Ils savent qu'ils ne les reverront jamais, que tout ce poisson, s'il n'est pris, sera décimé par ses ennemis naturels, ou bien, ce qui est pis, s'en ira tomber dans les filets de la nation voisine pour l'enrichir de tout ce qu'ils auront laissé échapper.

Telle est la situation présente de l'industrie de la sardine en France. Tout ce qu'on peut espérer, c'est que, pendant deux ou trois ans, on n'en sentira pas trop les rigueurs. Ces apparitions de la sardine sur nos côtes, dans leur irrégularité même, ont certaines lois ; on peut établir des probabilités. Il paraît que le régime de la sardine, en 1887, a offert de frappantes analogies avec celui de 1853 : en cette année-là, on avait vu de même d'innombrables bancs de petites sardines, et les deux années suivantes furent très bonnes. Il est

Section V

permis, dans une certaine mesure, d'espérer qu'il en sera ainsi cette fois. Mais si l'avenir prochain ne nous donne que demi-alarme, il faut s'attendre ensuite au retour des mauvaises années ; il faut, dès à présent, envisager les conditions de la lutte entre notre industrie et l'industrie étrangère : celle-ci libre de s'alimenter de la matière première qu'elle emploie, à bas prix, grâce aux filets perfectionnés, tandis que nos fabricants devront payer plus cher le poisson capturé avec l'ancien filet, avec la rogue et tous les vieux procédés. Il y a là, pour demain, des difficultés dont il importe, croyons-nous, de se préoccuper dès aujourd'hui. Quant à la science, elle a rendu son arrêt. Il n'est peut-être pas définitif en tous les points et pourra être infirmé dans quelque détail ; mais il est très net sur le fond. Il prononce qu'on ne dépeuple point l'océan ; que tous les efforts de l'homme, armé de tous les engins imaginables, ne sauraient influencer l'équilibre d'une espèce animale de la taille de la sardine, vivant dans la haute mer. On peut affirmer qu'il y aura encore autant de sardines qu'aujourd'hui, quoi qu'on fasse, à l'époque calculée pour l'épuisement total des mines de houille en Europe. Nous n'avons donc pas à nous préoccuper de sa disparition. Pour la sardine comme pour la morue et le hareng océanique, la seule règle qui convienne devrait être d'en prendre le plus qu'on peut et comme on peut.

ISBN : 978-1977836502

Georges Pouchet

www.ingramcontent.com/pod-product-compliance
Lightning Source LLC
Chambersburg PA
CBHW050252230526
45470CB00005B/2232